Callwey

Zeichnungen
Entwürfe
Beispiele

Drawings
Designs
Examples

Hildegard M. Mauel

Porzellanmalerei
Blumen nach der Natur

Mit Mustervorlagen

Porcelain Painting
Flowers from Nature

With Line Drawings

CALLWEY
SPEZIAL

Bildnachweis und Dank

Alle Zeichnungen und Entwürfe in diesem Buch stammen von der Autorin. Die Fotos der gemalten Porzellanteile wurden von den Fotostudios Manfred Jahreiß, Hohenberg/Eder, aufgenommen. Arbeitsfoto auf dem Einband: Stephan Mauel.
Herrn Hans Bauer, Grötschenreuther Straße 20, 95709 Tröstau, dessen Kurse ich seit mehr als zehn Jahren regelmäßig besuche, verdanke ich viele Anregungen und Hilfen zur Übertragung meiner Blumenzeichnungen nach der Natur auf Porzellan.

Acknowledge

All designs and sketches in this book were done by the author. The photos of painted porcelain were taken by Fotostudios Manfred Jahreiß, Hohenberg/Eder. Working photo on title by Stephan Mauel.
Many inspirations came from Mr. Hans Bauer, Grötschenreuther Str. 20, D-95709 Tröstau, whose painting lessons I have been attending for more than ten years. I am specially indebted to him for countless suggestions on how to transfer my aquarelle sketches of flower motifs onto porcelain.

Die Deutsche Bibliothek –
CIP-Einheitsaufnahme
Hildegard M. Mauel : Blumen nach der Natur : mit Mustervorlagen; [Zeichnungen, Entwürfe, Beispiele] = Porcelain painting flowers from nature / Hildegard M. Mauel. [Übers. ins Engl. von Michael J. Kennedy]. - München : Callwey, 1999
(Callwey creativ : Spezial)
ISBN 3-7667-1349-3

Übersetzung ins Englische von
Michael J. Kennedy, München

e-mail: buch@callwey.de
http://www.callwey.de

Einband und Reihengestaltung
Germar Wambach, München
Satz Edith Mocker, Eichenau
Lithos eurocrom 4, Villorba/Italien
Druck und Bindung Printer Trento/Italien
Printed in Italy 1999
ISBN 3–7667–1285–3

INHALT

CONTENTS

VORWORT
FOREWORD

Mit einem Zeichenblock und sechs Buntstiften fing alles an: Ich begann, Blumen im Garten, auf der Wiese, zwischen Wald und Feld und in den Bergen, wo ich auch unterwegs war, zu sammeln und nach der Natur zu malen. Ich habe immer wieder, vom Frühling bis zum Herbst, neue Blumen gefunden und gemalt. Ob es kleine Gänseblümchen, das Vergißmeinnicht, die Glockenblume oder auch Rittersporn, die rote Schafgarbe oder die Akelei mit ihren geschwungenen Blütenblättern waren, alles wurde gepflückt, in ein Glas gestellt, mit den Konturen von Stengeln und Blättern vorgezeichnet und dann bunt ausgemalt. Im Laufe der Jahre sind so mehr als 380 Bilder von Blumen entstanden. Von vielen Blumen war der Name bekannt, aber nicht jede konnte auch sofort benannt werden. Ein Nachschlagen in Bestimmungsbüchern war erforderlich. Eine Auswahl gemalter Blumen wird in diesem Buch gezeigt.

Vor ungefähr zwanzig Jahren habe ich dann damit angefangen, Porzellan zu bemalen. Anfangs nur mit Ornamenten und Streublumen, dann aber mit meinen gemalten Blumen in Einzeldarstellung oder in immer neuen Blumen-Arrangements.

Sollten Sie bis jetzt Blumen nur in Meißner oder anderer klassischer Manier auf Porzellan gemalt haben, dann versuchen Sie jetzt einmal, eine Blume nach der Natur zu zeichnen, mit Buntstiften oder Wasserfarben zu kolorieren. Mit einiger Übung können Sie daraufhin darangehen, mit Porzellanmalfarben die Blumen auf das »weiße Gold« zu übertragen und dabei Schritt für Schritt Blüten, Blätter, Knospen und Stengel naturgetreu wiederzugeben. Fangen Sie mit einfacheren Blumen an (Vergißmeinnicht oder Hahnenfuß) und lernen Sie mit Ausdauer und Geduld, sich in die zauberhafte Welt naturnaher Blumen, Gräser und Sträucher einzuarbeiten und dabei Ihren eigenen Stil zu entwickeln. Gerade diejenigen unter Ihnen, die von der klassischen Meißner Blumenmalerei herkommen, werden an den Blumen, die Sie zuvor gemalt haben (Leberblümchen, Stiefmütterchen oder Veilchen) jenseits der Maniermalerei ganz neue »Seiten«, Ansichten und Qualitäten entdecken. Sie werden sich und anderen mit Ihren Ergebnissen immer eine große Freude bereiten. Ich wünsche Ihnen viel Erfolg.

Hildegard M. Mauel

It all began with a sketch pad and several crayons: I started collecting flowers wherever I was – in the meadows and fields, in forests and in the mountains.

I sought out new flowers from spring through to autumn and made sketches from nature. From daisies, forget-me-nots and bell flowers, larkspur and red milfoil to aquilegia with its curved petals, everything was picked and put into a vase to be sketched.

I would first draw the outlines of stems and leaves and then later fill in the contours with colours. Over the years I have done more than 380 illustrations of flowers from nature. The names of many of these were familiar, but some had to be found in specialist books, such as the Reader's Digest Plant Encyclopedia.

A selection of these flowers is being presented in this book.

About twenty years ago I started painting on porcelain. At first I tried

ornaments and little flowers, later I dared to interpret my own single flowers and many new flower arrangements.
If, until now, you have only painted flowers in the Meissen style or in some other classical manner, you should try sketches of natural flowers and colour them with crayons or water colours. With a little efforts you'll achieve enough skill to be able to transfer the flowers onto the "white gold", step by step, with an eye for all the details of the blossoms, leaves, buds and stems. Begin with the more simple flowers such as forget-me-nots, and aim to develop your own creative style. Especially those among you who have been painting in the Meissen style will discover a variety of new qualities in familiar plants such as liverworts, pansies or violets.
Your results are bound to bring great pleasure to all your family members and friends. I personally would like to wish you every possible success.

Hildegard M. Mauel

Zu Seite 5
Rundblättrige Glockenblume – *Campanula rotundifolia*
Die zarten blauvioletten Blüten der Glockenblume wachsen auf einem dünnen Stiel. Die Grundblätter sind rundlich und die Stielblätter sind schmal und spitz.

page 5
Bell flower
The tender, blue-violet flowers grow on a thin stalk. The ground leaves are rounded, the stalk leaves are slender and pointed.

Wildes Stiefmütterchen – *Viola tricolor*
In dieser Zeichnung habe ich wieder mit Absicht die mitausgegrabenen Gräser einbezogen, um einen Eindruck von der natürlichen Umgebung zu geben.

Wild pansy
In this design I integrated the dug-out grasses as well, to have a natural impression.

EINLEITUNG

Dieses Buch ist für alle bestimmt, die Freude an der Natur haben und sich von ihr anregen lassen, Blumen und Sträucher zu malen oder zu zeichnen. Wichtig ist, daß man die Blumen genau beobachtet. Versuchen Sie auf jede noch so kleine Einzelheit zu achten. Zeichnen Sie die Blumen im richtigen Größenverhältnis zueinander und geben Sie beim Zeichnen auch Licht und Schatten an. Ich habe meine Zeichnungen zunächst mit Buntstiften koloriert und oft drei bis vier Farben übereinandergelegt, um den richtigen Endfarbton der Pflanze zu erreichen. Wichtig ist es auch, die Farbübergänge in den Blüten darzustellen und auf verschiedene Farben der Innen- und Außenseiten von Blütenblättern zu achten. Sollte Ihnen am Anfang nicht gleich alles gelingen, so verzweifeln Sie nicht. Auch ich habe auf diesem Weg manchmal Rückschläge hinnehmen müssen, aber je mehr ich mich damit auseinandersetzte, um so mehr reizte es mich, mein Vorhaben durchzuführen. Sie sollten auch stets mehrere Blumen oder Blüten einer Art zeichnen, um die Vielfalt in der Anordnung von Blatt- und Blütenteilen, von Bauplan und Stand der Blume zu erkennen. Die Darstellung geschlossener und offener Blüten und von Knospen gehört auch dazu. Wichtig ist es außerdem, auf die Blätter und Stengel zu achten und sie naturgetreu mit allen Besonderheiten wiederzugeben. Auf den folgenden Seiten sind nun verschiedene Blumen zur Auswahl dargestellt, Frühlingsblumen, Bergblumen, Feld- und Wiesenblumen, Gartenblumen, Sträucher und ganze Pflanzen.

Ein Wort noch zu den Pflanzen, die heute als äußerst gefährdete Sorten auf den »Roten Listen« der Naturschutz-Empfehlungen von Bund und Ländern genannt werden (siehe nachstehende Aufführung): Selbstverständlich habe ich mich bemüht, immer nur eine oder wenige Pflanzen als Vorlage zu nehmen, dennoch möchte ich an Sie appellieren, sich bei bereits als Seltenheit geltenden Pflanzen mit dem Pflücken zurückzuhalten. Hier mögen meine Malvorlagen, aber auch Fotografien der Blumen am Standort Ihnen helfen, zu einem schönen Ergebnis zu kommen.

Heute schon äußerst gefährdete Pflanzen (unter den in diesem Buch gezeigten) sind:
Märzbecher, Stiefmütterchen der Art *Viola tricolor hiemalis*, Frühlingsenzian, Trollblume, Gemeiner Augentrost, Herbstzeitlose, Deutscher Enzian, Kartäusernelke, Teufelskralle, Kornrade, Blaues Sperrkraut, Tarant, Wiesenbocksbart, Wiesensalbei, Akelei, Apfel der Sorte *Malus sylvestris*, Sonnenröschen, Skabiose.

Als teilweise gefährdet und besonders schützenswert gelten:
Winterling, Leberblümchen, Schlüsselblume, Sumpfdotterblume, Alpenfettkraut, Gestreiftes Leinkraut, Waldstorchschnabel, Brauner Storchschnabel, Roter Lein, Christrose, Alpenveilchen, Wildes Stiefmütterchen und Duftveilchen.

INTRODUCTION

This book is dedicated to all who take their artistic inspiration from nature and her power to animate one to sketch or paint flowers and shrubs. Try to really perceive each detail in the various plants, and to interpret their true proportions as well as light and shadows. I colour my sketches of flowers with crayons, often layering 3 or 4 colours to bring out the final tone. It is also important to show the transitions of colours, and to pay attention to the different colours inside and outside the flowers. Don't be desperate if you don't get perfect results at once. I myself had to try hard for long time, but found self-affirmation in dealing with the challenge. You should always sketch diverse aspects of the same plant, in order to realize the natural variety in the plants' blueprint. The true to nature reproduction of flowers and buds and the details of their stems and leaves is also necessary. The following pages will show you a large choice of spring flowers, alpine flowers, garden flowers, shrubs and plants in their entirety.

Let me say a word concerning the plants which are regarded as highly endangered in the "Red Lists" of recommendations for the protection of nature in the FRG (see names below): I have always made it a point never to take more than one example of a plant as a model for sketching. I would like to appeal to you not to pick rare plants at all. I would rather recommend you to use my designs as models, or to take photos of these plants.

Among the plants in this book the following are mostly endangered:
Daffodil, wild pansy (viola tricolor hiemalis), *spring gentian, globeflower, eyebright, meadow saffron, German gentian, Carthusians' pink, rampion, corn cockle, Greek valerian, swertia, yellow goatsbeard, sage, honeysuckle, apple* (malus sylvestris), *sunrose, scabiose.*

Partly endangered and worth protecting are:
Christmas flower, liverwort, cowslip, marsh marigold, alpine butterwort, striped linaria, cranesbill, brown cranesbill, red flax, Christmas rose, cyclamen, wild pansy and sweet violet.

Anordnung der Motive

Wenn Sie Ihre Blumen oder einen Strauß zusammengestellt, gezeichnet und fertig auf Papier gemalt haben, wie es im zweiten Teil dieses Buches an einer Reihe von Beispielen gezeigt wird, folgt die Übertragung auf das Porzellan. Wählen Sie einen Teller, eine Platte oder Vase. Die richtige Lage und Größe der Hauptzeichnung wird bei Kannen und Tassen von der Mitte der Seite links vom Griff bestimmt. Auf der jeweils gegenüberliegenden Seite können ähnliche Abbildungen in kleinerer Größe gemalt werden.
Bei Tellern oder auf Schalen ist die Hauptzeichnung meist in der Mitte plaziert. Auf dem Rand eines Tellers kann man drei Blätter, Knospen oder kleine Blüten im gleichen Abstand anbringen, dabei ein Bild oben, die anderen rechts und links setzen. Beim Hauptbild sind die Stengel oder Stiele immer unten.
Bei großen Tellern oder bei ovalen, rechteckigen oder runden Platten kann das Hauptmotiv auch rechts oder links außerhalb der Mitte mit dem Stiel nach unten stehen. Nebenmotive erscheinen dann gegenüber etwas höher oder tiefer. Zum Verzieren male ich auch gelegentlich bunte Schmetterlinge oder kleine Käfer an passende Stellen oder auf den Rand.

Ränder

Ob Teller, Untertassen, Tassen, Platten oder Schalen einen Rand aus Goldfarbe oder auch einen farbigen Rand, etwa in Zartgrün, erhalten sollen, hängt von der Form des Porzellans (glatt oder mit einem Relief) und auch von der gewählten Bemalung ab. Zum Anbringen des Randes brauchen Sie eine drehbare Scheibe auf einem Ständer. Das zu berändernde Stück wird mittig auf die Scheibe gestellt und diese vor dem angesetzten Pinsel gedreht. Es bedarf einiger Übung, die richtige Menge Farbe auf den Pinsel zu nehmen, um einen gleichmäßigen Strich zu erzielen, und natürlich bedarf es einer ruhigen Hand.

Farben

Die zum Porzellanmalen verwendeten Farben sind Metalloxidfarben, die in Pulverform oder als Fertigfarben bezogen werden können. Ich bevorzuge Fertigfarben. Diese Farben können direkt mit dem Spachtel auf eine Glasplatte gebracht und auch dort für andere Farbtöne gemischt werden.
Meine Farben beziehe ich von der Porzellanschule Hans Bauer in Tröstau. Man benötigt höchstens 18 Farben, hiervon sind 12 Grundfarben und zwar folgende:
Gelb, Ocker, Blumenrot, Braun, Gelbgrün, Blaugrün, Hellblau, Dunkelblau, Rosenpurpur (für die Anlage), Rosenpurpur (für die Zeichnung), Violett, Zeichenfarbe (Gelb-Grün-Blau).
Zusatzfarben sind: Orange, Dunkelrot, Schattengrün, Weiß, Grau, Schwarz.
Durch Mischen können aus diesen Farben alle Zwischentöne erreicht werden.
Unverträglich und zum Mischen miteinander nicht geeignet sind Gelb und Rot (als Ersatz wird Orange und Rot gewählt), Grau und Rot, Weiß und Rot, Grün und Rot.

Anmachen der Pulverfarben

Die Pulverfarben sind durch besondere Vermahlung verfeinert. Sie zeichnen sich durch ihre hohe Leuchtkraft und Farbbrillanz aus. Sie sind, ohne zu reiben, für alle

Farbschema
Colour scheme

Maltechniken geeignet. Zum Anmischen mit dem Spachtel wird Dicköl im Verhältnis 1 Teil Öl zu 2 Teilen Pulverfarbe verwendet. Wenn die Farben auf der Glasplatte während der Arbeit etwas angetrocknet sind, werden sie mit einem Tropfen Nelkenöl wieder streichfähig gemacht.

Brennen

Die Farben erfordern alle die gleiche Einbrenntemperatur von 830 bis höchstens 850 Grad Celsius. Eine Ausnahme bildet die Farbe Rot. Dieses Rot wird mit einer niedrigeren Temperatur von 750 bis 800 Grad Celsius gebrannt. Deshalb kann diese Farbe erst nach dem ersten (letzten) Brand aufgetragen und eingebrannt werden. Ein weiterer Brand mit höheren Temperaturen ist dann nicht mehr möglich.

Pinsel und Öle

Dicköl und Nelkenöl stehen in kleinen Glasgefäßen bereit. Zum Auftragen der Farben werden Pinsel in verschiedenen Größen und Stärken benötigt. Die Grundausstattung besteht aus einem Malpinsel für die Anlage (Nr. 2001 b) und einem Zeichenpinsel (Nr. 2001 e) für die Ausarbeitung nach dem ersten Brand. Zum Reinigen der Pinsel wird Terpentinöl verwendet. Nach der Reinigung wird der Pinsel mit Dicköl wieder geschmeidig gemacht, bevor mit einer anderen Farbe gearbeitet wird. Zu Beginn des Malens tauche ich den Pinsel in Terpentinöl, tupfe ihn aus und massiere ihn anschließend in Dicköl, um ihn geschmeidig zu machen. Das wiederholt sich bei jedem Farbwechsel.
Die malfertigen Farben und Mischungen müssen bei längeren Pausen abgedeckt werden. Sind sie zu trocken geworden, so kann man sie durch Zugabe eines Tropfens Nelkenöl oder Dicköl wieder auffrischen.

Arbeitsplatz

Für Ihre Arbeit brauchen Sie gutes (vorzugsweise natürliches) Licht, bei Rechtshändern sollte es von links kommen. Das zu bemalende Porzellan muß staub- und fettfrei sein, das bemalte Porzellan muß bis zum Brand ebenfalls staubfrei gehalten werden.

Übertragen der Motive

Vor Beginn des Malens werden Größe und Lage des Motivs auf dem Porzellan bestimmt. Nun wird mit einem harten Bleistift (H 4 oder H 5) das Motiv auf Transparentpapier durchgezeichnet und dann mit Hilfe von Graphitpapier auf das

Porzellan übertragen. Dies geschieht mit einer Pausnadel oder auch mit einem spitzen, harten Stift. Mit einem Porzellanmalstift (z.B. Allstabilo 8008) kann man Motive ohne Pausen auftragen.

Maltechnik

Ich beginne beim Malen mit der hellsten Stelle der Blüte und gleiche die andersfarbigen Blüten und Blätter dieser Zeichnung an, um den Übergang vom hellsten zum dunkleren Bereich (Blätter) harmonisch zu gestalten. Dabei halte ich mich genau an meine Vorlagen. Ich würde allerdings raten, die Stiele oder Stengel der Blumen oder Sträucher nicht in der manchmal starren Form, wie sie in der Natur vorkommt, zu malen, sondern sie leicht geschwungen oder in S-Form darzustellen.

Bei Blüten, wie zum Beispiel der Glockenblume oder beim Fingerhut, ist es wichtig, weich mit den Farben zu arbeiten. Dabei nehme ich mit dem Pinsel zunächst ohne Farbe eine kleine Menge Dicköl und streiche damit einen dünnen Film über die für die Blüte vorgesehene Fläche. Danach erst nehme ich etwas von der Farbe und trage sie leicht auf dem Porzellan auf. Ich versuche dabei, der Blüte bereits jetzt eine Licht- und eine Schattenseite zu geben. Das Ergebnis ist überraschend: Der Übergang der Farben zwischen Heller und Dunkler ist weich. Bei der späteren Ausarbeitung nach dem ersten Brand werden dann die Schattenseiten stärker herausgearbeitet und Akzente hineingesetzt, um die Kontraste deutlicher werden zu lassen. Dies gilt auch für die Blätter.

Placement on the porcelain

After having combined, sketched and aquarelled your bouquet on paper, as shown in several examples in the second part of this book (s. page 42 ff.), the next step is the transfer onto porcelain. Choose a dish, plate or vase; whatever suits you best. The placement for the picture on pots and cups is in the middle of the side to the left of the handle. Some smaller flowers relating to the main motif would be perfect for the other side. On plates or dishes the central design is best placed in the middle. The edges can be decorated with, for example, 3 little buds 120 degree apart from each other. The stems of the bouquet should always be vertical. On large plates, or on oval or rectangular dishes, the main motif could alternatively be placed off center to left or to the right. Minor motifs can be placed to the side, a bit higher or lower. Sometimes I like to add little butterflies or beetles close to the rim, to liven up the design.

Edges

Whether you should give your piece a coloured (e.g. light-green) or golden rim or not, is dependent on the form of the porcelain itself (whether it has a relief or not) and the chosen motif. For rims you will need a turntable on a stand. The rim is painted by rotating the piece on the stand with the brush gently held against the porcelain in the desired position. You will certainly require an amount of practise before you are able to paint rims of even width without lifting the paintbrush.

Colours

The colours used for porcelain painting are metallic oxide ones, which are available as powders or as ready-mixed tints. I personally prefer the pre-mixed colours. The advantage is that you can put them directly onto the glass palette and mix them with other tones.
I personally get my colours from Hans Bauer in Tröstau, Germany. You'll need a maximum of 18 colours: the 12 basic colours are yellow, ochre, flower red, brown, yellow green, blue green, light blue, dark blue, rose purple (for outlines), rose purple (for first colour), violet and outline colour (yellow – green – blue). Additional colours are: orange, dark red, shadow green, white, grey, black. By mixing you can achieve all the nuances you desire.
There are some combinations which can't be mixed, such as yellow and red (use orange and red instead), grey and red, white and red, and green and red.

Preparing powder colours

These colours have been refined through a special grinding process. They exhibit a particularly high brilliance and may be used for all techniques, without rubbing. Use fatoil for preparation with the spatula in the proportions 1 part oil to 2 parts colour. To make colours which have dried out on the glass palette liquid again, use a few drops of cloveoil.

Firing

The pre-mixed and ready colours all need the same temperature of between 830 and 850 °C. I normally carry out 3 firings myself.
An exception to this is necessary for red: This colour has to be fired at a lower temperature of between 750 and 800 °C. Red can only be applied

immediately prior to the final firing, and the piece can't be fired again afterwards at a higher temperature.
If you are not so certain about bringing colours together you can do several firings.

Brushes and Oils

Fatoil and cloveoil are kept in small glass jars. Use a no. 2001 b brush for outlining and no. 2001e for filling in the colours after the first firing.
I use turpentine for cleaning my brushes. The brushes are made pliant again by rubbing the bristles with fatoil-necessary before starting with another colour.
Before painting the brushes should likewise be prepared with turpentine then fatoil. The process must be repeated every time the colour is changed.
During breaks you should always cover your colours and mixtures.
If they have become too dry, you can freshen them up with a drop of fatoil or cloveoil.

Working place

You'll need a place with good (preferably natural) light, coming from the left if you are right-handed. The porcelain to be painted needs to be free of dust and grease. The piece must be kept dust free until after the final firing.

Transferring the motifs

First define the size and position of your motif on the porcelain. Trace the motif with a hard pencil (H4 or H5) on transparent paper and copy it onto the porcelain with the help of carbon paper. This is done with a tracing needle or with a pointed and hard pencil. With a special pencil for porcelain painting (e.g. Allstabilo 8008) the motifs can be put without tracing onto the porcelain.

Painting technique

I start painting with the lightest part of the flower and match the diverse colours of the other flowers and leaves to it, in order to create harmonious transitions from light to dark. I always follow exactly my own colour sketches on paper.
I would recommend to you to sketch the stems with a gentle curve or S-form; in nature they are often too straight and rigid.
With several flowers, e.g. the bellflower or the foxglove, you need to work in a very soft manner. Without colour on my brush, I apply a thin layer of fatoil onto the surface where the flower will be painted. Then I apply the colour, in the process giving the flower light and shade.
The result is stunning: the transition looks very soft. After first firing the shading is worked out and accentuated, to make contrasts more evident. The same has to be done with the leaves.

Alpenveilchen –
Cyclamen purpurascens
Alpenveilchen sind regional im Bestand bedroht. Halten Sie sich deshalb lieber an meine Vorlàge.

Cyclamen, Sowbread
As the plant is partly endangered, preferably take my sketches.

Die Blätter des Alpenveilchens sind nierenförmig oder herzförmig. Die Oberseite ist dunkelgrün mit silbrig schimmernden Flecken. Auf der Rückseite sind die Blätter rotviolett. Die karmin-rosafarbigen Blüten haben fünf zurückgeschlagene Blütenblätter. Die Knospen sind geschraubt, und der Stiel ist zur Fruchtzeit eingerollt.

Its leaves are heartlike or kidney-shaped. The upper side is dark green with silvery spots; below they are red-violet. The carmine-pink flowers have five foldback petals. Buds are screwed and the stem is rolled in while bearing fruit.

FRÜHLINGSBLUMEN
SPRING FLOWERS

1 Meerzwiebel –
Scilla bifolia

1 Sea onion

2 Winterling –
Eranthis hyemalis
Die Meerzwiebel und der Winterling sind die ersten Frühlingsboten in meinem Garten. Aber schon nach kurzer Zeit und mit etwas Sonne im März und April folgen viele andere Blumen nach. Es gibt dann nichts Schöneres für mich, als in die Natur zu gehen und immer wieder nach neuen Blumen zu suchen und sie zu zeichnen.

2 Christmas flower
Both are the first messengers for the beginning of spring in my garden. But in a short time the sun helps to grow many more flowers in March and April. There is nothing nicer for me than going out into nature, looking for new flowers to paint.

3 Märzbecher –
Leucojum vernum
Diese weiße Blume hat sechs Blütenblätter, die an den Spitzen eine grüne Zeichnung haben. Die Blüte ist glockenförmig, sie sitzt nickend auf einem blattlosen Stiel. Vor farbig getöntem Fond würde sich die Pflanze sehr gut machen, wie alle hellen Einzelpflanzen.

3 Daffodil
This white flower has six petals ending in a green point. The flower is a bell, nodding on a leafless stem. The plant – as any other in light tones – would stand well against a darker background.

4 Duftveilchen – *Viola odorata*
Das Veilchen hat zwei nach oben und drei nach unten gerichtete Kronblätter. Es ist meist dunkelviolett gefärbt und sehr beliebt als Motiv auf Porzellan.

4 Sweet violet
This favourite flower on porcelain has two petals pointing up and three pointing down. It is mainly coloured in dark violet.

6 Schottische Primel – *Primula scotica*
Diese Primel hat purpurrote Blüten und zum Schlund hin eine leuchtend gelbe Zeichnung.

6 Scottish primrose
This primula has purple red petals and brilliant yellow markings in front of the chalice.

5 Leberblümchen – *Hepatica nobilis*
Typisch bei dieser Blume sind die weißen Staubgefäße, die sich deutlich von den blauen Blütenblättern abheben, und die braun umrandeten dreilappigen Blätter.

5 Liverwort, liverleaf, crystalwort, squirrel cup, herb trinity
Very typical are the white stamens, contrasting delicately with the blue petals, and the brown-rimmed, trilobated leaves.

7 Schlüsselblume – *Primula veris*
Bei diesen Blüten ist es wichtig, den orangefarbigen Stern vor dem Schlund deutlich zu zeichnen.

7 Cowslip, primrose
It is important that you pay attention to the orange coloured star in front of the chalice in your design.

8 Sumpfvergißmeinnicht – *Myosotis palustris*
Dieses Blümchen ist ein sehr beliebtes Motiv für die Porzellanmalerei. Mit seinen himmelblauen Blüten und rosa gefärbten Knospen regt es immer wieder zu neuen Ideen an.

8 Marsh forget-me-not
This flower is a very favourite motif in porcelain painting. Its skyblue petals and pink tinted buds always inspire new ideas.

10 Rotes Buschwindröschen – *Anemone nemorosa*
Es hat fünf bis sieben Blütenblätter, meist weiß, aber auch rötlich, besonders am Rand und auf der Außenseite der Blüte. Die Blätter sind quirlständig angeordnet und grob gezähnt.

10 Red wood anemone, lady's-nightcap
This plant has five to seven petals, mostly white, but red as well, specially at the rim and on the outside. The leaves stand vertically and are roughly dented.

9 Immergrün – *Vinca minor*
Die violetten Blüten des Immergrün aus fünf Blütenblättern sind zur Mitte hin zusammengewachsen. Im Inneren der Blüte ist eine sternförmige helle Zeichnung. Die Blätter sind gegenüberständig und glänzend.

9 Evergreen, periwinkle
The violet flowers, formed from five petals, grow together towards the center. Inside you will notice a star-shaped, bright mark. The shining leaves are adversifoliate.

11 Hundsrose – *Rosa canina*
Ihre zartrosa Blütenblätter, die zur Mitte hin hellgelb werden, umrahmen einen Kranz von goldgelben Staubgefäßen. Die Blättchen, fünf bis sieben Stück, sind gezähnt und typisch. Die Pflanze hat rote Dornen, ihre Frucht ist die Hagebutte.

11 Dog rose, bramble rose
Its soft pink petals, becoming yellow in the middle, frame a corona of golden-yellow stamens. The leaflets, five to seven pieces, are typically dented. The plant displays red thorns with hipberry fruits.

12 Benediktenkraut oder Nelkenwurz – *Geum coccineum*
Mit seinen leuchtenden Farben ist das Benediktenkraut schon von weitem zu erkennen.

12 Bennet
With its vivacious colours it is easily to be distinguished from long distances.

14 Gamander-Ehrenpreis, auch Männertreu – *Veronica chamaedrys*
Der Ehrenpreis blüht in verschiedenen Größen und Farben. Ich nehme Blüten davon gerne als Durchzugsblume (vgl. Abb. 89–91).

14 Germander speedwell
To be found in diverse sizes and colours. I like to use this plant in connection with corn cockle (see ill. 89-91).

13 Stiefmütterchen – *Viola tricolor hiemalis*
Diese Blume blüht in verschiedenen Farben von Hellgelb bis Dunkelviolett. Das »Gesicht« der Blüte ist unterschiedlich gezeichnet. Man findet sie mit zarten Linien bis zu markant gezeichneten Farbfeldern.

13 Wild pansy
The colours of this flower come in light yellow to dark violet. Its "face" is significant: with several fine lines or splendid colour fields.

15 Stiefmütterchen – *Viola tricolor*
Dieses Blümchen gehört zu den Veilchengewächsen. Die Blüten sind meist dreifarbig von Blauviolett zu Gelb und Weiß. Die Blätter sind lanzettartig und die Nebenblätter fiederlappig.

15 Wild pansy
Belonging to the violet family, the flower mostly has three colours from violet-blue to yellow and white. Leaves are lancet-like and side-leaves are pinnatilobate.

16 Waldsauerklee –
Oxalis acetosella
Der Sauerklee hat violettadrige weiße Blüten und ganz eigene, zweifarbige, herzförmige Blätter, die oft, kleeblatttypisch, ein »Hütchen« bilden.

16 Wood sorrel
This plant has white flowers with violet veins and typical, bicolour, heartlike leaves forming a cap.

18 Sumpfdotterblume –
Caltha palustris
Die Sumpfdotterblume ist mehrblütig, sie hat fünf leuchtend gelbe Blütenblätter. Die Blätter der Pflanze sind herzförmig und dunkelgrün glänzend.

18 Marsh marigold
Shows several flowers and five brilliant yellow petals. The leaves are heart-shaped, shining in dark green.

17 Roter Günsel –
Ajuga reptans
Der Günsel ist selten mit roten Blüten zu finden. Meist ist er blau, er gehört zu den Lippenblütlern.

17 Red creeping bugle
This plant from the labiate family is rarely to be found with red flowers; mostly they are blue.

19 Frühlingsenzian –
Gentiana verna
Auf einem Tellerchen wirkt diese dunkelblau blühende Pflanze sehr schön. Sie ist eine kleine Rosettenstaude und hat einen schmalen Kelch, aus dem fünf Blütenblätter wachsen. Der Schlund ist fast weiß und gefranst.

19 Spring gentian
This dark blue flower looks very well on a plate. It is a herbaceous plant with a small, white, fringed chalice, with five emerging petals.

BERGBLUMEN
ALPINE FLOWERS

20 Alpenfettkraut –
Pinguicula alpina
Das Fettkraut besitzt eine dunkelblaue Blüte mit einem langen Sporn. Zum Schlund hin hat es einen weißen Fleck. Ganz eigen sind auch die gelbgrünen, seitlich nach innen gerollten Blätter.

20 Alpine butterwort, steepgrass, steepweed, steepwort, sheep rot
This flower has a dark blue bloom with a long spur. Towards the chalice there is a white spot; very particular are the yellow-green leaves, involuted at the sides.

22 Berufkraut –
Erigeron alpinus
Dieses Blümchen ähnelt in seiner ganzen Art der Alpenaster, es ist jedoch kleiner.

22 Fleabane
On the whole it resembles the blue alpine daisy, but it is smaller.

21 Alpenveilchen –
Cyclamen purpurascens
Die roten, zurückgeschlagenen Kronblätter bringen eine schöne Bewegung in das Bild. Die herzförmigen Blätter haben auf der Oberseite ein grau-grünes Muster, auf der Unterseite sind sie rötlich.

21 Cyclamen, sowbread
The red petals, bent backwards, add a fine movement to the whole picture. The heart-like leaves have a nice pattern on their upper side, the bottom side is reddish.

23 Alpenklee – *Trifolium alpinum*
Die hellroten Blüten des Alpenklees sind dunkelrot geadert. Die Pflanze gehört zu den Schmetterlingsblütlern. Die Blätter sind dreiteilig und ganz schmal.

23 Alpine clover
The bright red flowers have dark red veins. It belongs to the papilionaceous plants. The leaves are threefold and very slender.

25 Alpenaster – *Aster alpinus*
Die Blüten der Alpenaster sind entweder blauviolett oder rötlich. Die Aster gehört zu den Korbblütlern. Ihre kleinen Blütenblättchen bilden einen hübschen Kranz um den gelben Mittelpunkt.

25 Blue alpine daisy
The flowers are blue-violet or reddish. The plant belongs to the compositae; the small petals form a gentle corona round the yellow center.

24 Herbstzeitlose – *Colchicum autumnale*
Zur Blütezeit der Herbstzeitlose sind die Blätter bereits abgestorben. Die Blütenblätter sind hellviolett bis rosa und stehen auf einer langen weißen Röhre.

24 Meadow saffron, autumnal crocus
The leaves die off while this plant is in full blossom. The petals are bright violet or pink, and stand on a long, white tube.

26 Deutscher Enzian – *Gentiana germanica*
Diese Pflanze sollte man als Ganzes malen. Sie ist von Grund auf verzweigt. Die Blüten sind hellviolett und stehen in fünf Kranzzipfeln.

26 German gentian
This plant should be painted as a whole, as it branches out from the ground up. The flowers are light violet and stand in five coronal points.

27 Gebirgsnelkenwurz – *Geum montanum*
Die Pflanze gehört zu den Rosengewächsen. Eigentlich hat der Berg-Nelkenwurz fünf gelbe Blütenblätter. Ich fand aber diese Pflanze mit sechs Blättern und habe sie auch so gezeichnet. Wenn man diese Blume mit anderen kombinieren möchte, müßte man den Stiel ein wenig S-förmig anlegen.

27 Mountain avens
Belongs to the roses and normally has five yellow petals. I once found a species with six petals and painted it this way. In combination with other flowers you might give the stem an S-shaped double curve.

28 Gestreiftes Leinkraut – *Linaria repens*

28 Striped linaria

29 Gezeichneter Augentrost – *Euphrasia picta*

29 Painted eyebright

30 Kartäusernelke (links) – *Dianthus carthusianorum*
Die gezähnten roten Blüten der Kartäusernelke stehen in braunen Kelchschuppen.

30 Carthusians' pink (left)
The dented red petals of this carnation species stand in brown scales around the chalice.

Bart- oder Büschelnelke (rechts) – *Dianthus barbatus*
Hier sind die Blätter etwas breiter. Die verschiedenfarbigen Blüten haben eine schöne Zeichnung.

Sweet william, bunch pink (right)
Different from the Carthusians' pink the petals of the bunch pink are a bit broader. The variantly coloured petals have nice, white markings.

31 Bergdistel – *Cirsium montanum*
Diese wunderschöne Pflanze ist sehr dekorativ und hat auch bereits auf einem raren Wildblumenservice der Firma Rosenthal als Einzelblume ihre Liebhaber gefunden.

31 Spear thistle
This wonderful plant is very decorative, and has found its fans on a set produced by Rosenthal.

32 Teufelskralle –
Phyteuma orbiculare
Beide Pflanzen, Bergdistel und Teufelskralle, sind zum »Füllen« in Blumensträußen auf Porzellan gut geeignet.

32 Rampion
Both plants, thistle and rampion, are very well used in "filling" bouquets on porcelain.

33 Trollblume –
Trollius europaeus
Sie hat eine nahezu kugelige Blüte und eine leuchtend helle Farbe. Die Trollbume gehört zu den Hahnenfußgewächsen. Sie ist eine gefährdete Pflanze. Malen Sie nach meiner Vorlage oder Fotos.

33 Globeflower
The flower is round as a globe , the colour is radiant. Because it is very rare, my recommendation is to leave this flower in its place and to take photos or trace my models.

FELD- UND WIESENBLUMEN
FLOWERS OF THE FIELDS AND MEADOWS

34 Kornrade – *Agrostemma githago*
Diese Blume – auch sie ist äußerst gefährdet, deshalb bitte am Standort belassen – hat mir beim Malen große Freude bereitet. Ihre rot-violetten Blätter, nach außen gebogen, haben zur Mitte hin eine fein punktierte Zeichnung, was das Typische an dieser Pflanze ist. Die graugrünen Blätter und Stiele sind stark behaart (vgl. auch Abb. 89–91).

34 Corn cockle
It always gave me great pleasure to paint this flower. The red-violet petals, bent backwards, have nicely dotted markings towards the middle, and the grey-green leaves and stems are very hairy (s. ill. 89–91). Attention: This plant is quite rare in nature, so leave it in its place!

35 Gefülltes Wiesenschaumkraut – *Cardamine pratensis*
Als ich auf einer Reise diese Blume fand, nahm ich sie gleich mit, um sie zu zeichnen. Noch nie hatte ich das Wiesenschaumkraut in dieser Art gefunden, ich war gänzlich überrascht.

35 Filled meadow cress
When I found this new sort, I was quite surprised and started sketching it immediately.

36 Rittersporn – *Delphinium consolida*
Ob einzeln oder in einem Blumenstrauß, der Rittersporn hat immer eine große Wirkung. Die dunkelblauen Blüten mit ihren langen Sporen, die lockere Verzweigung und die in Zipfeln gespaltenen Blätter zeigen Harmonie und Bewegung.

36 Larkspur, delphinium
Very effective in a bouquet or as a single plant. The dark blue flowers with their long spurs, the loose embranchment and the split ends of the leaves display harmony and movement.

37 Tarant – *Swertia perennis*
Die – gefährdete – Pflanze wird auch Moorenzian genannt. Sie hat eine stahlblaue oder schmutzig-violette Farbe und ist dunkel punktiert.

37 Swertia
This endangered plant is also called marsh gentian. It has a steel-blue or murky-violet colour with dark dots.

38 Sperrkraut –
Polemonium caeruleum
Ich war sehr überrascht, als ich das Sperrkraut in dieser rosa-violetten Farbe fand. So habe ich es auch gezeichnet und gemalt. Seine normale Farbe ist ein schönes Blau.

38 Greek valerian
I was really surprised to find this plant in a pink-violet variation, but I painted it as it was. Its normal colour is a fine blue.

39 Seifenkraut –
Saponaria officinalis
Diese Staude hat eine wunderschöne Wirkung, wenn man darauf achtet, daß die hell-rosa Blüten klar und zart wiedergegeben werden. Wichtig ist auch, daß der lange Kelch mit den braunen Zacken beachtet wird. Dadurch heben Sie die blassen Blüten gut hervor.

39 Soapwort
This herbaceous plant is very impressive, if you show the tenderness of the light pink flowers well. Also keep an eye on the long chalice with brown points; it produces a fine contrast with the flowers.

40 Roter Lein –
Linum viscosum
Die rosaroten Blüten haben eine dunkelrote oder rotviolette Mitte. Die kurzen geschwungenen Blätter stehen rund um den Stiel und um alle Verästelungen bis zu den Blüten und Knospen.

40 Flax
The pink flowers have a dark red or red-violet center. The short bent leaves grow around the stem und around all branches towards the flowers and buds.

41 Braunblühender Storchschnabel –
Geranium phaeum
Mit seinen dunklen Blüten verleiht der Braune Storchschnabel der Pflanze eine ganz besondere Wirkung. Die fünf Blütenblätter sind mit kleinen Zipfeln versehen. Stiele und Blätter sind behaart.

41 Brown cranesbill
The main effect is achieved by the rare brown colour. The five little petals have pointed ends. Stems and leaves are hairy.

42 Moschusmalve –
Malva moschata
Mit ihren auffallenden Blüten und Knospen ist die Malve ein dankbares Motiv für Kaffeekannen, Platten oder Vasen. Man kann diese zart rosafarbenen Blüten gut mit dem Rittersporn, dem Tarant oder der violetten Flockenblume verbinden. Versuchen Sie es einmal selbst, eine Zusammenstellung zu finden.

42 Musk mallow
The showy flowers and buds are a wonderful motif for coffee cups, plates or vases. Try yourself to combining it with larkspur, swertia or the violet centaury.

43 Rosenmalve,
weiße Malve –
Malva alcea
Die weiße Malve ist der rosafarbigen Malve ähnlich. Wenn Sie sich für diese weiße Blüte entscheiden, legen Sie zuerst einen zarten Grund auf dem Porzellan an und wischen Sie dann die Farbe aus den weißen Blüten wieder heraus.

43 White mallow
This is similar to the pink mallow. If you prefer painting the white variety, do a soft fond first and wipe the colour out later.

44 Waldstorch-
schnabel – *Geranium sylvaticum*
Der Waldstorchschnabel ist eine behaarte Staude. Die schönen großen blauen oder rotvioletten Blüten lassen sich gut mit anderen Wiesen- oder Waldblumen kombinieren, z.B. mit dem gelben Greiskraut oder dem Hornklee. Auch das gelbe Stiefmütterchen würde gut dazu passen. Vorsicht, die Art ist vom Aussterben bedroht!

44 Cranesbill, geranium
This very rare wood dweller is a hairy herbaceous plant. The beautiful blue or red-violet flowers make a fine combination with, for example, yellow fleabane or butterjags and the yellow pansy.

45 Rote Schafgarbe – *Achillea millefolium*
Die kleinen roten Blüten stehen dicht an dicht in Scheindolden zusammen. Diese Blume einzeln oder im Bukett zu malen, ist eine kleine Herausforderung, aber mit Geduld und Genauigkeit wird es gelingen. Die Blätter sind gefiedert und wachsen stiellos aus dem Stengel.

45 Milfoil, yarrow, pellitory, bloodwort
The little red flowers stand in false umbels. It isn't at all easy to paint, alone or in a bouquet, but don't give in with an effort. The leaves are pinnate and grow without stalks.

46 Bergflockenblume – *Centaurea montana*
Die blauvioletten, strahlenförmigen Randblüten sind ganz typisch, ebenso die korbförmigen Hüllblätter, die schwarzrandig gefranst sind. ▽

46 Mountain centaurea
The blue-violet, round flowers with ray-like tips are very typical, as are the basket-shaped involucral leaves with black-rimmed fringes. ▽

◁ 47 Wiesenbocksbart – *Tragopogon pratensis*
Mit seinen schönen gelben Blüten läßt sich der Wiesenbocksbart gut in einen Wiesenstrauß auf Porzellan einordnen. Wichtig hierbei ist, daß die grünen Zipfel der Kelchblätter sehr lang, manchmal sogar länger als die Blüten sind.

◁ *47 Yellow goatsbeard*
Its nice yellow colour easily integrates the flower in any meadow flower bouquet. It is important that you paint the green ends of chalice leaves very long, sometimes longer than the flowers themselves.

48 Rispige Flockenblume – *Centaurea paniculata*
Ein oder zwei Zweige mit ihren typischen Knospen und rotvioletten Blättern bringen Bewegung in jeden Wiesenstrauß. Die Hüllblätter sind stark schwarz gefranst und bilden einen Kontrast zu den gefiederten Blüten. ▷

48 Centaury, knapweed
One or two twigs with typical buds and red-violet leaves add movement to any meadow flower bouquet. The involucral leaves are fringed in black and form a nice contrast to the pinnate flowers. ▷

49 Wiesensalbei – *Salvia pratensis*
Der bereits sehr seltene Wiesensalbei gehört zu den Lippenblütlern. Die dunkelblauen Blüten stehen quirlständig um den Stiel in kleinen Scheinähren herum. Die Blätter sind grob gekerbt und wachsen ohne Stiel aus dem Stengel.

49 Sage, salvia
The extremely rare meadow sage belongs to the labiate family. The dark blue flowers form a twirl of false ears around the stalk. The leaves are roughly crenellated and protrude from the stem without stalks.

51 Kuckucksblume – *Lychnis flos-cuculi*
Die Kuckucksblume ist eindeutig der kleine Verwandte der Lichtnelke.

51 Ragged robin, cuckooflower
Obviously a smaller relative of the campion.

50 Rote Lichtnelke – *Melandrium silvestre*
Diese Lichtnelke ist eine behaarte Staude. Mit mehreren roten Blüten steht sie in lockeren Blütenständen. Die oberen Blätter sind stiellos und umschließen den Stengel.

50 Red campion
This is a hairy herbaceous plant with several red flowers in a loose fertile shoot. The upper leaves around the stem don't have stalks.

GARTENBLUMEN –
GARDEN FLOWERS

52 Akelei –
Aquilegia
Als ich vor einigen Jahren einmal in Berlin war, kam ich an einem wunderschönen Garten vorbei. Ich blieb stehen und sah einige Zeit dem Gärtner zu. Er bemerkte mich und wir sprachen über die Blumen. Er nahm eine Gartenschere, schnitt mir einen schönen Strauß Akelei und schenkte ihn mir. Dies ist eine der Blüten, die ich gleich zu Hause gezeichnet habe.

52 Honeysuckle, garden columbine, culverwort
Some time ago I passed a wonderful garden in Berlin. I watched the gardener at work for a while and we talked about the flowers. Then he gave me a bundle of honeysuckle as a gift. Here is one of the flowers I painted right after I returned home.

53 Japanische Anemone – *Anemone hupehensis*
Mit ihren großen zartrosa Blüten und den leuchtend gelben Staubgefäßen kann man die Japanische Anemone harmonisch in einen Gartenstrauß mit einbeziehen. Man kann sie auch gut einzeln malen, wenn man die stark gesägten Blätter dazunimmt und das Ganze mit einem schönen Rand versieht.

53 Anemone, windflower
The large, light pink flowers and bright yellow stamens harmonize with any garden flower bouquet. It can also be a beautiful single motif when the serrated leaves are integrated and the motif is nicely framed.

54 Christrose – *Helleborus niger*
Die großen weißrosa Blüten der Christrose sind ein wunderschönes Motiv, etwa für den Dekor einer großen Vase oder Kanne. Auf der Rückseite durchziehen rote Adern die Blütenblätter. Die vielen hellgelben Staubgefäße leuchten aus den blassen Blüten hervor. Die gefleckten, dicken Stiele sind blattlos, die einzeln stehenden Blätter sind sehr ausdrucksvoll, sie haben eine gesägte Außenkante. ▷

54 Christmas rose
The large pink-white flowers are fantastic on cups or vases. Their back side is veined in red. The many light yellow stamens shine inside the pale flowers. The spotted and thick stems are without leaves. The single standing leaves have a serrated rim. ▷

55 Schmuck- oder Blumenkörbchen – *Cosmea bipinnata*
Diese rotviolette Blume ist ein interessantes Modell zum Malen. Die auf der Vorderseite dunklen Blüten sind rückseitig hell und gestreift. Ich finde die Rückseite der Kosmee eigentlich noch schöner. Beim Malen würde ich stets beide Seiten der Blüte zeigen.

55 Cosmos
This red-violet flower is an interesting model. The flowers are dark inside and light and striped on their backside. I personally prefer the backside. Painting them I would always show both sides.

56 Freesie – *Freesia*
Die dekorativen, trichterförmigen Blüten der Freesie haben eine intensive gelbe Farbe und sind auf einem gebogenen Stiel miteinander verbunden. Die Blätter der Pflanze sind schmal und meist an den Seiten gelblich.

56 Freesia
The decorative funnel-like flowers are deep yellow and stand together on a bent stem. The leaves are slender and mostly yellow on the sides.

57 Geißblatt (Heckenkirsche) – *Lonicera*
Besonders dekorativ bei dieser schnellwüchsigen Schlingpflanze sind die langen, orange-gelben oder wie hier im Bild roten Blütenröhren, die in dichten Quirlen am Triebende stehen.

57 Honeysuckle, woodbind
The orange yellow flower tubes of this quickly climbing plant are standing in thick twirls at the ends of young shoots.

58 Purpurglöckchen – *Heuchera sanguinea splendens*
Diese Blume mit ihren zarten Glöckchen ist gut geeignet als Randverzierung. Sie ist auch in Verbindung mit Veilchen oder gelben Stiefmütterchen ideal zu kombinieren.

58 Heuchera
This plant with pretty bells is best for decorating edges. It goes together ideally with violets or yellow pansies.

BÄUME UND STRÄUCHER
TREES AND SHRUBS

59 Kirschpflaume –
Prunus cerasiferniger
Die verspielt wirkenden roten Blüten wachsen an dünnen, kleinen Stielen. Die gleichzeitig aufbrechenden, dunkelroten, glänzenden Blätter bilden einen schönen Abschluß.

59 Wax cherry
The dainty red flowers grow on small thin stalks. The fresh and shiny, dark red leaves which appear at the same time complete the picture nicely.

60 Pfirsich –
Prunus persica
Der Pfirsichbaum blüht vor dem Laubaustrieb. Die Blüten wachsen einzeln an den schuppentragenden Kurztrieben und blühen »pfirsichrot«. Die Staubblätter, in natura etwa 20 bis 30 an der Zahl, sind dunkelrot.

60 Peach
The peach tree blooms are coming out earlier than the leaves. The flowers are peach-red, standing individually on short shoots full of lodicules. The stamens, about 20–30, are dark red.

62 Forsythie – *Forsythia spectabilis* Die Forsythie ist eine der ersten Blüher im Frühjahr. Die überhängenden Zweige sind voll von schönen, goldgelben Blüten (Vorsicht: giftig!). Diesen hier abgebildeten Zweig habe ich gemalt, weil ich überrascht war, daß eine Blüte sechs statt vier Blätter hatte.

62 Golden bells This is among the first shrubs to bloom in spring. The hanging branches are full of golden yellow flowers (attention: poisonous). I chose this particular branch out of astonishment that one flower counted six petals instead of four.

61 Zweig der Blutjohannisbeere – *Ribes sanguineum* Die dunkelroten Blütentrauben hängen nickend aus den knorrigen Ästen heraus.

61 Currant twig The dark red clusters hang nodding from the gnarled branches.

63 Apfelblüte – *Malus silvestris* Allein mit diesen Blüten ließe sich in Verbindung mit immer anderen Blütenzweigen ein zauberhaftes Service malen.

63 Apple blossom This single branch may give me inspiration for a whole set some time.

ENTWÜRFE AUF PORZELLAN – SCHRITT FÜR SCHRITT
DESIGNS ON PORCELAIN – STEP-BY-STEP

Auf den folgenden Seiten ist jeweils der Entwurf für verschiedene Gedecke in einzelnen Schritten bis zur fertigen Malerei dargestellt. Das Zusammenstellen der einzelnen Pflanzen für einen Entwurf ist ebenso wichtig wie die richtige Wahl der Porzellanform. Nur so kann völlige Harmonie zwischen Porzellan und Malerei erreicht werden.

Erster Schritt

Eine genaue Zeichnung anfertigen und auf das Porzellan übertragen. Die hier vorgestellte Zeichnung ist der Größe nach für einen Frühstücksteller geeignet. Für Tasse oder Untertasse sind auf den folgenden Seiten die zugehörigen Entwürfe in der entsprechenden Größe angegeben.

Zweiter Schritt

Die Blüten und Blätter werden farbig angelegt. Danach folgt der erste Brand.

Dritter Schritt

Nach dem ersten Brand wird das Bild ausgearbeitet. Hierbei ist besonders auf die Tiefen in den Blüten und auf die Schattierungen der Blätter zu achten. Die Blätter erfordern in ihrer Darstellung gleiche Sorgfalt wie die Blüten. Jetzt kann der zweite Brand vorgenommen werden.

Falls nach dem zweiten Brand Korrekturen notwendig sind oder Akzente gesetzt werden müssen, kann dies nun vorgenommen werden. Dadurch wäre ein dritter Brand nötig.

Bei den folgenden fünf Beispielen für verschiedene Gedecke sind außer den Hauptblumen und Streublumen auch einzelne Schmetterlinge mitgezeichnet, die den Dekor zusätzlich beleben.

The following pages show diverse designs for different sets, all done step-by-step. The arranging of the flowers is as important for a good design as is the best possible choice of porcelain forms. Full harmony will be achieved only if you bring the right models together.

First step

Do an exact sketch and transfer it to the porcelain. The sketch shown here is well sized for the breakfast set plate. For cups or saucers you will find the matching (in size) sketches on the following pages.

Second step

Flowers and leaves are contoured in colour, light fonds are done, followed by the first firing.

Third step

Now the motif is completed inside and the darker parts (depths of flowers, shadows of leaves) are done. Continue with the second firing.
If you have to do corrections then, you may need a third firing.

In the following five examples for different sets I added several butterflies to make the decoration more vivid.

64 Das Gänseblümchen ist ein sehr beliebtes Modell für die Porzellanmalerei.

64 The daisy is a very much beloved model for porcelain painting.

Gedecke

Auf einem Kuchenteller lege ich die Blumen oder die Hauptblume rechts von der Mitte an. Zum Ausgleich kommen kleinere Blüten oder auch ein Schmetterling auf die Gegenseite. Soll das Hauptmotiv in der Mitte des Tellers stehen, so sollten zum Ausgleich drei kleinere Blüten aus dem Motiv im Abstand von je 120 Grad auf den Rand gemalt werden. Eine Kaffeetasse sollte so angelegt werden, daß sich das Hauptmotiv auf der vorderen Seite befindet und kleinere Motive die Rückseite zieren. Ich achte außerdem darauf, daß sich die Stiele der Pflanzen in der Nähe des unteren Henkelansatzes befinden und die Blüten zur Mitte und zum oberen Tassenrand wachsen.
Bei einem Service sollten alle Teile in gleicher Art und im gleichen Größenverhältnis bemalt werden, auch wenn die Motive für jedes einzelne Gedeck unterschiedlich sind.

Sets

On a cake plate I put the flowers or the main flower right from the middle. For balance smaller flowers or a butterfly are placed on the other side. You also could choose three smaller flowers surrounding the rim at a 120 degree distance from each other.
On a coffee cup the main motif should be left to the handle and smaller motifs on the reverse side. Besides I pay attention that the stems always are close to the handle and that the flowers "grow" towards the middle and the upper rim.
On your set all motif parts should be painted in the same way and the same size, although the decor may differ with every single set.

65–67 Gedeck, Entwurf in drei Schritten: Gänseblümchen – *Bellis perennis.* Erster Schritt: Skizze; zweiter Schritt: farbige Anlage; dritter Schritt: Ausmalung. Nimmt man es so, wie es hier ausgegraben ist, wird man überrascht sein, wieviel Bewegung in dieser kleinen Pflanze steckt. Die Blätter sind stumpf gekerbt und stehen in einer grundständigen Rosette. Die Blütenköpfe sind weiß, an den Spitzen oft rötlich.

65–67 Set: Daisy, hen and chickens, herb-margaret, bairnwort. First step: sketch; second step: coloured contours; third step: finish. Taken from nature, you will be astonished what movement this little plant can show. The leaves are crenellated and stand in a basal rosette. The flower heads are white, often with reddish points.

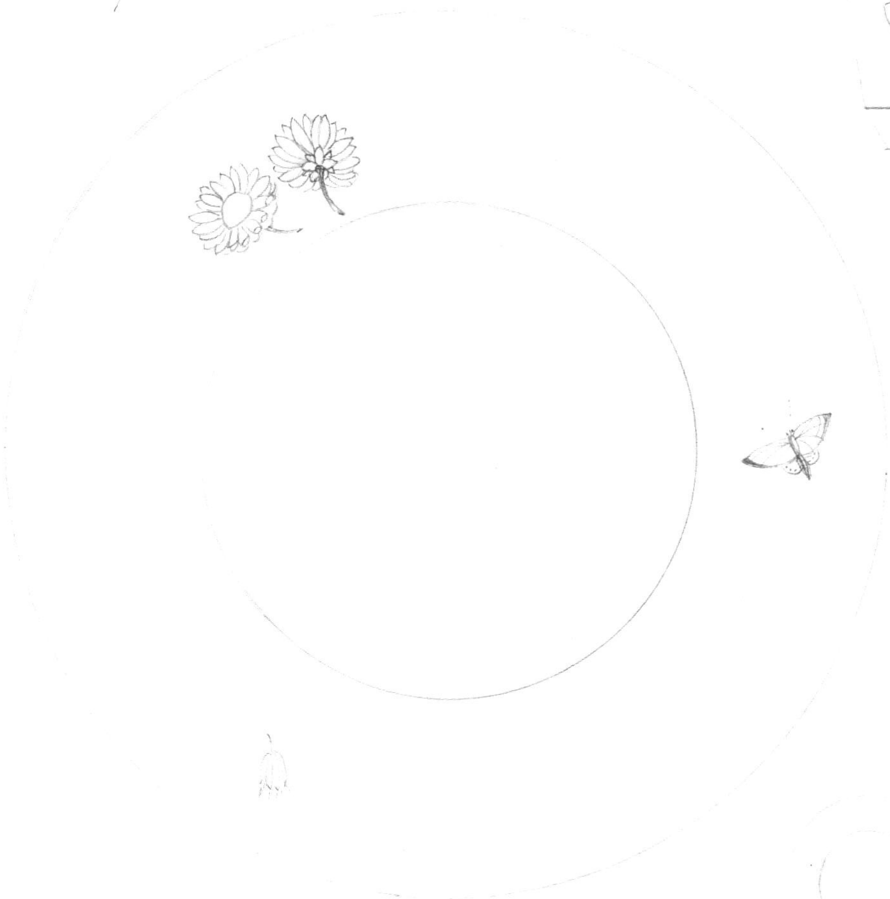

68–70 Zeichnungen: Tasse Vorderseite, Tasse Rückseite und Untertasse.
Das einfache Gänseblümchen paßt gut für diese schlichte und streng gehaltene Form des Porzellans. Dieses Motiv habe ich für ein ganzes Service genommen. Für jedes Teil habe ich eine andere Pflanze ausgesucht und so jeden Teller und jede Tasse anders gestaltet.

68–70 Sketches: Frontside and backside of cup. Saucer.
The common daisy adds well to the plain forms of this porcelain.
I took this motif for a whole set, discerning another plant for each single part.

71, 72 Fertig bemaltes Gedeck

71, 72 Ready painted dish

73–75 Gedeck, Entwurf in drei Schritten: Geflecktes Lungenkraut – *Pulmonaria maculosa* mit Sonnenröschen – *Helianthemum nummularium*. Erster Schritt: Skizze; zweiter Schritt: farbige Anlage; dritter Schritt: Ausmalung.

73–75 Set: Lungwort, together with sunrose. First step: sketch; second step: coloured contours; third step: finish.

76–78 Zeichnungen: Tasse Vorderseite, Tasse Rückseite und Untertasse.

76–78 Sketches: Frontside and backside of cup. Saucer.

79, 80 Fertig bemaltes Gedeck

79, 80 Ready dish

81–83 Gedeck, Entwurf in drei Schritten: Skabiose – *Scabiosa columbaria* mit Odermennig – *Agrimonia eupatoria*. Erster Schritt: Skizze; zweiter Schritt: farbige Anlage; dritter Schritt: Ausmalung.

81–83 Set: Scabious, star head, together with agrimony, liverwort. First step: sketch; second step: coloured contours; third step: finish.

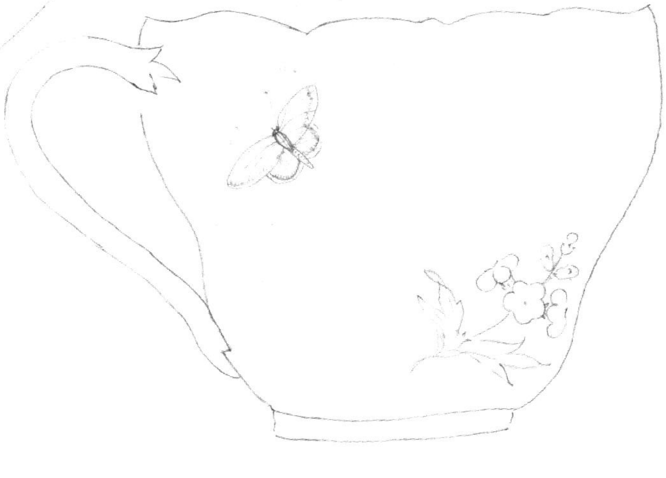

84–86 Zeichnungen: Tasse Vorderseite, Tasse Rückseite, Untertasse.

84-86 Sketches: Frontside and backside of cup. Saucer.

87, 88 Fertig bemaltes Gedeck

87, 88 Ready dish

89–91 Gedeck, Entwurf in drei Schritten: Gamander-Ehrenpreis – *Veronica chamaedrys* mit Kornrade – *Agrostemma githago*. Erster Schritt: Skizze; zweiter Schritt: farbige Anlage; dritter Schritt: Ausmalung.

89-91 Set: Germander speedwell, together with corn cockle. First step: sketch; second step: coloured contours; third step: finish.

92–94 Zeichnungen: Tasse Vorderseite, Tasse Rückseite, Untertasse.

92–94 Sketches: Frontside and backside of cup. Saucer.

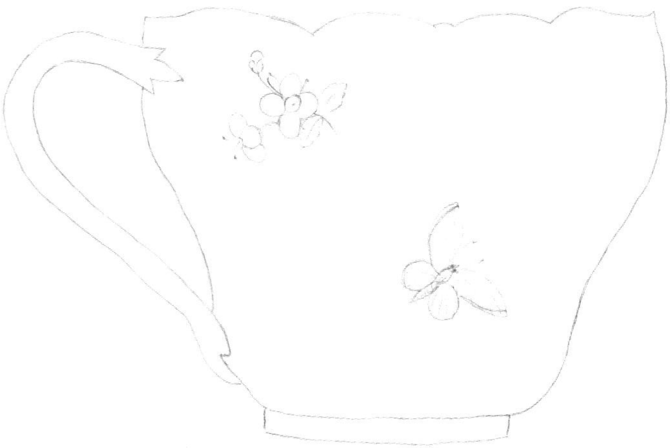

95, 96 Fertig bemaltes Gedeck

95, 96 Ready dish

97–99 Gedeck, Entwurf in drei Schritten: Wegwarte – *Cichorium intybus* mit Winde – *Convolvulus arvensis.* Erster Schritt: Skizze; zweiter Schritt: farbige Anlage; dritter Schritt: Ausmalung.

97–99 Set: Succory, chicory, together with bindweed. First step: sketch; second step: coloured contours; third step: finish.

100–102 Zeichnungen: Tasse Vorderseite, Tasse Rückseite, Untertasse.

100–102 Sketches: Frontside and backside of cup. Saucer.

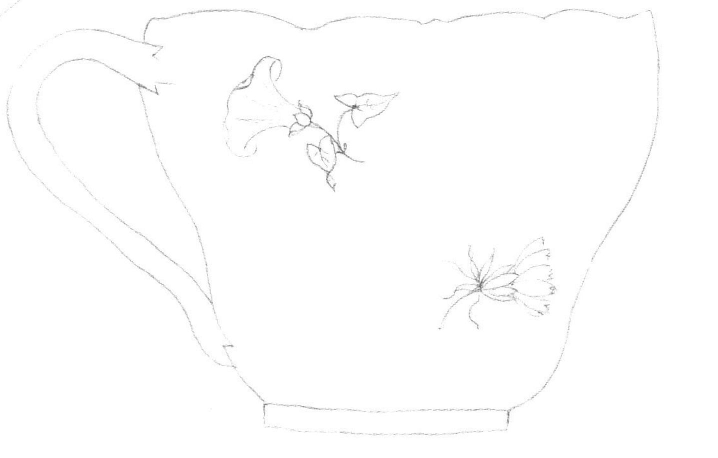

103, 104 Fertig bemaltes Gedeck

103, 104 Ready dish

105 Kleine Teller mit Gänseblümchen

105 Small plates with daisies

Teller, Vasen, Platten

Die Entwürfe auf den folgenden Seiten eignen sich sehr gut für kleinere Teller oder Vasen sowie für eine große Platte oder einen Wandteller. Hierbei können neben den kleineren Blüten oder Pflanzenmotiven auch Schmetterlinge gemalt werden. Die Zusammenstellung der verschiedenen Farben muß harmonisch sein. Gelbe Blüten heben sich am besten ab, wenn sie von dunkleren Blüten oder Blättern umgeben sind. Die grünen Blätter können differenziert werden, indem unterschiedliche Grüntöne herausgearbeitet werden.

Plates, vases, dishes

The sketches on the following pages are very apt for a large plate, but also for smaller dishes or vases. Aside from the smaller flowers or plant-motifs you could add butterflies as well.

The combination of the different colours has to be harmonious. Yellow flowers perfectly contrast with darker flowers or leaves. Don't forget to work out the diverse leaf greens.

106–108 Entwurf Bukett, größerer Teller in drei Schritten: Feldrittersporn – *Delphinium consolida*, Narzisse – *Narcissus incomparabilis*, Erdnußplatterbse – *Lathyrus tuberosus* und Sumpfvergißmeinnicht – *Myosotis palustris*.

106–108 Design: bouquet, larger plate with larkspur, narcissus, vetchling/meadow pea and forget-me-not.

109 Fertig bemalter Teller ▷

109 Ready dish ▷

110–112 Entwurf Bukett, größerer Teller in drei Schritten: Akelei – *Aquilegia vulgaris*, Roter Fingerhut – *Digitalis purpurea*, Trollblume – *Trollius europaeus* und Immergrün – *Vinca minor*. Erster Schritt: Skizze; zweiter Schritt: farbige Anlage. Die blaue Akelei in diesem Entwurf kann auch durch eine zartrosa Blüte ersetzt werden. Auch hier muß man auf die verschiedenen Grüntöne der Blätter achten. Dritter Schritt: Ausmalung.

110–112 Design: bouquet, larger plate with aquilegia, red foxglove, globe-flower and ever-green. First step: sketch; second step: coloured contours. The blue aquilegia can also be replaced by a light pink flower. Combine the right leaf greens. Third step: finish.

113 Fertig bemalter Teller ▷

113 Ready dish ▷

116 Fertig bemalter Teller ▷

116 Ready dish ▷

114, 115 Entwurf Bukett, größerer Teller in zwei Schritten: Rundblättrige Glockenblume – *Campanula rotundifolia*, roter Klee – *Trifolium repens*, Margerite – *Chrysanthemum leucanthemum*, Wiesenplatterbse – *Lathyrus latifolius*, Skabiose – *Scabiosa columbaria*. Anlage und Ausarbeitung

114, 115 Design: bouquet, larger plate with bellflower, red clover, marguerite, vetchling and scabious. Contours and finish.

Vasen

117 Entwurf für eine Vase: Pyrenäen-Storchschnabel – *Geranium pyrenaicum*, Hornklee – *Lotus corniculatus* und Perlgras – *Melica uniflora.* Form und Größe des Porzellans bestimmen das Motiv. Dieser Entwurf wurde für eine bauchige Vase gemalt, dann aber auf eine schlanke Vase übertragen. Hierzu mußten die Stiele der Pflanzen gestreckt werden.

Vases

117 Vase design: Geranium, butterjags and melic grass. This design was conceived for a big-bellied vase, but later transferred to a slim vase. Because of this I had to stretch the stalks of the plants.

Dieses Perlgras könnte man in den Entwurf einbeziehen oder als eigenes Motiv auf die Vasenrückseite malen.

This melic grass could be integrated in the design or painted extra on the backside of the vase.

119 Fertig bemalte Vase

119 Ready vase

118 Kleine Vase mit Schlüsselblume – *Primula elatior*, Duftveilchen – *Viola odorata* und Frühlingsplatterbse – *Lathyrus vernus.*

118 Little vase with cowslip, Smelling violet and vetchling.

120
Königskuchenplatte mit Veilchen als ganzer Pflanze

120 Fruitcake plate with violet in totality

121 Ovale, große Platte mit Malve, Rittersporn und Wiesenplatterbse ▷

121 Oval, big plate with mallow, larkspur and vetchling ▷

Uwe Geißler
Porzellanmalerei ▪ Landschaften
Porcelain Painting ▪ Landscapes
CALLWEY
SPEZIAL

Uwe Geißler
Porzellanmalerei ▪ Rosen
Ideen
Beispiele
Techniken
CALLWEY
SPEZIAL